식물을
연구하는
태도

이 소 영

식물을
연구하는
태도

가지

어린 시절의
기억

매일 숲에 간다. 며칠 전부터 꽃 피운 석산에 다가가
사진을 찍고 스케치를 한다. 꽃봉오리를 발견한
늦여름부터 그래왔다. 오늘은 어제보다 꽃잎 색이
옅어졌고, 떨어진 수술도 있다.

나는 식물을 그림으로 기록하는 식물 세밀화가다. 매일
식물을 관찰하고 그림으로 그리는 것이 나의 일이다.

어릴 적부터 식물을 좋아했다. 그렇다고 내가 많은

식물을 볼 수 있는 환경에서 자란 것은 아니다. 나의 고향은 서울 도심이고, 그래서 오히려 식물을 귀하게 바라보았던 것 같다. 산과 바다, 돌과 나무를 좋아하는 아버지 덕에 어릴 적부터 식물 곁에 갈 일이 많았다. 주말이면 아버지는 잘 걷지도 못하는 어린 나를 안고 집 주변의 공원, 식물원 그리고 산과 정원에 가곤 했다.

초등학교 4학년 어느 가을날의 일이 떠오른다. 여느 평일 아침과 같이 일어나 씻고 옷을 입고 분주히 학교에 갈 준비를 하던 중, 아버지가 말씀하셨다.

"오늘은 학교에 가지 않을 거야. 선생님께도 말씀드렸어. 우리는 설악산에 갈 거야. 가서 단풍 보자."

우리 가족은 종종 이렇게 식물 여행을 떠났다.

물론 대추나무 꽃이 다른 꽃보다 늦게 핀다는 사실, 감나무 아래 떨어진 열매를 곤충들이 유난히 좋아한다는 사실을 알게 된 것은 어릴 적 농촌에 살던 내 고모 덕분이었다. 내가 서울 도심에서 어린 시절을 보내면서도 식물을 낯설게 느끼지 않은 다른 이유는 명절과 방학마다 시골 고모와 외할머니 댁에서 지냈기 때문인 것 같다. 그곳에서 만난 감나무, 대추나무, 백일홍, 봉선화, 파리…

도시에선 만나기 힘들지만 도시만 벗어나면 아주 흔히 만날 수 있는, 논과 밭 주변의 식물들에 친숙해졌다.

고모는 어릴 적 내게 봉선화 열매가 톡톡 터진다는 사실을, 그리고 백일홍 꽃 한 송이에는 여러 꽃이 들어 있다는 사실을 보여 주었다. '시골'이라 부르는 농촌과 산촌은 내게 식물이 참 많은 걸 주고, 채소와 과일도 나처럼 그저 살아 있는 생물이란 걸 말없이 알려 주었다.

이제 나는 어릴 적의 내가 기억하는 고모와 이모 나이가 되었다. 그러나 나는 내 고모와 이모처럼 농촌과 산촌에 살지 않는다. 또래의 친구와 지인 모두 아파트와 빌딩이 빼곡한 도시에 있다.

문득 그런 생각이 들었다. '그럼 내 조카는, 현재의 어린이들은 어디에서, 누구를 통해 자연을 경험하지?' 물론 자연을 공부하기보다 코딩을 공부하는 것이 자연스러운 시대라고도 할 수 있다. 그렇다고 우리가 예전보다 자연을 덜 이용하는 것은 아니다. 오히려 문명이 발전할수록 인류는 자연에 더 기댄다.

마침 얼마 전 열차역에서 '생태 유학 오세요'라는 문구를 내건 지역 광고를 보았다. TV에서 '촌캉스'란

용어를 내건 여행 프로그램도 보았다. 우리는 자연이
필요하지 않은 것이 아니라 이전보다 훨씬 많은 값어치를
들여 자연을 찾고 있다. 나 역시 도시에 살며, 어릴 적 주변
어른들로부터 받은 자연 경험을 현재의 어린이들에게
되돌려주지 못하는 부채감을 안고 있을 뿐이다.

식물 세밀화를 그려온 내내
노트에 식물을 스케치하고 있다.
그림은 2010년에 스케치한
개느삼.

Echinosophora koreensis

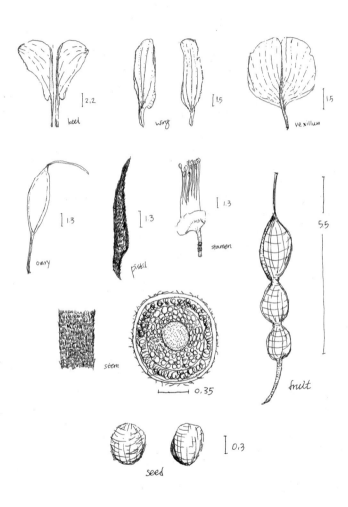

keel 2,2

wing 1,5

vexillum 1,5

ovary 1,3

pistil 1,3

stamen 1,3

stem

0,35

fruit 5,5

seed 0,3

2010. 07. 22. 16:48

어린 시절 인상에 남았던 식물들. 고모는 내게
봉선화 열매(왼쪽)가 톡톡 터진다는 사실과
백일홍 꽃(오른쪽) 한 송이에는 여러 꽃이 들어
있다는 것을 보여 주었다.

1   광릉숲 풍경. 내가 처음 식물 세밀화가로 일을 시작한 곳이며,
    우리 가족의 뿌리이기도 하다.

2   국립수목원 표본관. 내가 일한 연구실이 이곳에 있었다.

식물
세밀화와의
만남

식물과 함께 있는 것을 좋아했던 나는 자연스레
원예학과에 진학했다. 원예학과 수업은 생태학, 생리학,
수목학 그리고 화훼학, 과수학, 채소학처럼 식물을
이해하고 재배하는 데 필요한 교과로 채워져 있었다. 3학년
수목학 수업 첫 시간에 교수님은 우리에게 교정의 나무
50종을 그림으로 그려 나무 도감을 만들어 보라는 과제를
내 주셨다. 그렇게 매일 나무를 보러 다니고 그림을 그린
지 두어 달이 지나 겨우 과제를 완성해 제출했는데 어느 날
교수님이 나를 부르셨다.

"너 그림을 아주 잘 그리던데, 혹시 식물 세밀화를

아니?"

이것이 식물 세밀화와의 첫 만남이다. 그 후로 2년여
간 화실에서 그림을 배우고 내 것이라 할 만한 몇 점의
식물 그림을 완성해 포트폴리오를 만들었다. 그리곤
국립수목원의 식물 세밀화가 채용 모집에 지원했다. 결국
나는 국립수목원에서 식물 세밀화가로의 삶을 시작하게
된다.

국립수목원은 경기도 남양주시와 포천시 그리고
의정부시에 걸친 광릉숲에 있다. 광릉숲은 500년
이상 된 숲으로 다양한 생물종이 서식한다. 식물을
연구하는 연구자 그리고 식물을 그림으로 기록하는 식물
세밀화가에게도 매우 의미 있는 숲이다. 우리나라의
산림생물을 총체적으로 연구하는 기관이자 우리나라에서
유일하게 식물 세밀화가를 채용하는 기관이 그곳에 있기
때문이다.

개인적으로도 광릉숲은 중요하다. 식물 세밀화가로서
처음 일을 하게 된 직장이었고, 나는 여전히 광릉숲
근처에 작업실을 두고 일을 한다. 그리고 한 가지 이유를
더 말하자면, 광릉숲은 우리 가족의 뿌리이기도 하다.

내 아버지, 할아버지, 할머니는 근처 마을에서 태어나
살아오셨다. 아버지는 광릉숲속에 있던 중학교와
고등학교를 나왔기에 매일 광릉숲을 지나 등하교를 했다.

언젠가 어머니가 말씀하셨다. 아버지와의 연애 시절
광릉숲에 처음 왔다고. 그때 본 숲이 너무 아름다워서,
그리고 자신을 이곳에 데려와 준 아버지의 마음이 너무
고마워서 결혼을 결심했다고 했다.

물론 내 어머니와 광릉숲의 인연은 그것으로 끝이
아니었다. 당신의 딸이 이곳에서 일하게 될 줄 상상이나
했을까?

광릉숲 국립수목원 한가운데에 자리한 표본관이 나의
일터였다. 수목원은 우리나라의 산림생물을 총체적으로
연구하는 기관으로, 연구자들은 우리나라 숲에 사는
생물을 조사하고 기록한다.

당시 수목원에서 내가 맡았던 주된 임무는 구과식물을
그리는 일이었다. 내가 속한 조사실은 우리나라 자생식물을
조사하고, 데이터를 수집하며, 식물의 형태와 생태를

연구했다. 양치식물과 벼과, 사초과 식물은 내가 수목원에
들어가기 전 이미 연구가 된 상태였고 그 다음 주자로
우리나라 산림의 반을 이루는 구과식물이 기다리고 있었다.

구과식물은 소나무처럼 방울 열매가 달리는
식물이다. 소나무, 전나무, 잣나무, 향나무, 측백나무
등 바늘잎나무들이 속한다. 나와 짝을 이룬 동료들은
우리나라에 어떤 구과식물 종이 있으며, 이들이 어떻게
분류되는지에 관한 연구를 수행해야 했다. 나는 식물의
형태를 그림으로 그리는 일을 맡았다.

우리나라에 분포하는 구과식물은 대략 40여 종이
있는데, 이들을 연구할 수 있는 기한은 5년이었다. 45종을
5년 동안 그리는 일은 쉽지 않다. 식물의 잎, 꽃, 열매, 종자
등 모든 기관을 그리려면 단 한 종을 그릴지라도 여러 번
모니터링해야 하기 때문이다. 나는 대략 일 년에 10종을
그리는 것을 목표로 했다.

구과식물은 우리나라 전역에 분포하며 개체수도 가장
많지만, 바늘잎나무인 만큼 한대기후를 좋아해 주요
종의 경우 높은 곳에 올라가야만 찾을 수 있다. 다행히
국립수목원이 속한 광릉숲에선 우리나라에 자생하는

대부분 식물을 볼 수 있었고, 그래서 나는 광릉숲의
구과식물을 중심으로 관찰했다.

구과식물은 모두 키가 컸다. '누운'을 줄인 '눈'이란
수식어가 붙은 눈향나무와 눈잣나무 정도를 제외하면 모두
내가 손을 뻗어 잎을 만질 수 없을 만큼 유난히 키가 큰
나무들이었다. 나는 늘 내 키보다 큰 채집용 가위를 가지고
수목원과 그 뒷산을 활보했다. 내가 가위를 들고 걸어갈
때면 지나가는 직원들마다 "큰 나무 그리나 봐?" 물었다.
그럼 나는 "전나무요." "소나무요." 대답하고, 상대방은 그
나무 군락지가 어디 있는지 잘 아는 듯 "거기까지 가려면
힘들겠다." 말했다.

식물 세밀화가는 내내 우아한 포즈로 차를 마시며
그림을 그리지 않을까 상상한 적이 있다. 그때의 나는
아무것도 몰랐고 너무나 어렸다. 그러나 지금은 잘 알고
있다. 전나무를 그려야 할 땐 전나무 숲으로, 구상나무를
그려야 할 땐 구상나무 군락지로 가야 한다는 것을. 그것이
바로 식물 세밀화가의 삶이란 것을.

전나무를 그리기로 하고 표본실에 있는 전나무
표본 몇 점과 도서관의 외국 자료들을 사무실로 가져와

훑어보았다. 우리나라에서는 전나무 외에도 일본전나무를
볼 수 있다. 표본상으로 전나무는 잎이 뾰족하고
일본전나무는 잎이 뭉툭한 것이 가장 큰 특징으로 보였다.
나는 문헌상의 기록을 실제로 확인하기 위해 연구실 구석에
있던 채집 가위와 혹시 모를 상황을 위한 채집 봉투, 펜과
자, 사진기를 챙겨 전나무 숲으로 나섰다.

　내가 일하던 표본관 건물에서 10분 정도 걸으면 거대한
호수인 육림호가 나오고, 육림호를 지나 오르막길을 5분
정도 오르면 왼편에 수고樹高 20미터는 족히 되어 보이는
거대한 전나무 숲이 있다. 관람객이 들어가지 못하도록 쳐
놓은 펜스를 넘어 본격적으로 숲 안에 내 몸을 들여놓는
순간, 전나무 냄새가 났다. 습하고 어두운 나무 냄새.
피톤치드라기엔 묵은내 비슷한 오래된 숲의 향기였다.
저 아래 관람객이 자주 드나드는 곳에서는 맡을 수 없는,
나무와 풀과 버섯과 곤충의 냄새다.

　전나무를 채집하기 위해 왔지만 많은 나무 중 어떤
개체를 선택해야 할지는 고민이 필요했다. 그 많은
전나무를 대표할 수 있는, 가장 보편적이고 전형적인
표본이 될 만한 가지를 골라야 한다. 나는 나무 아래

자라난 풀들이 상하지 않을까, 조심하면서 천천히 발을
떼고, 눈은 계속 나무 꼭대기를 올려다보면서 숲을 헤맸다.
그리고 얼마 지나지 않아 그다지 높지도 않고 형태도
알맞아 보이는 나뭇가지를 찾았고, 가져온 가위를 뻗어
힘을 주어 가지를 잘랐다.

　　나는 이 순간이 참 괴롭다. 가지와 줄기를 잘라야
하는 순간, 꽃과 열매를 따야 하는 순간 말이다. 내가
식물을 기록하는 건 식물의 행복, 말하자면 '종의 보존'을
위해서인데, 막상 그림을 그리기 위해 어느 한 개체를
희생시켜야 한다는 것이 내가 짊어진 모순이다. 물론
개체수가 너무 적거나 귀한 멸종위기·희귀 식물과 같은
특정식물은 채집하지 않고 현장에서 최대한 많이 기록하는
방법을 찾기도 한다.

　　가위에 힘을 준 순간, 가지 하나가 내 머리 위로
떨어졌다. 나는 그것을 가져온 봉투에 담아 입구를 꼭
막아서는 지나온 길로 되돌아갔다. 전나무를 채집해

　　　　　　　　　　　　1~11번은 전나무, 12~14번은
　　　　　　　　　　　　일본전나무를 그린 것이다.

전나무*Abies holophylla* Maxim
일본전나무*Abies firma* Sieboid & Zucc

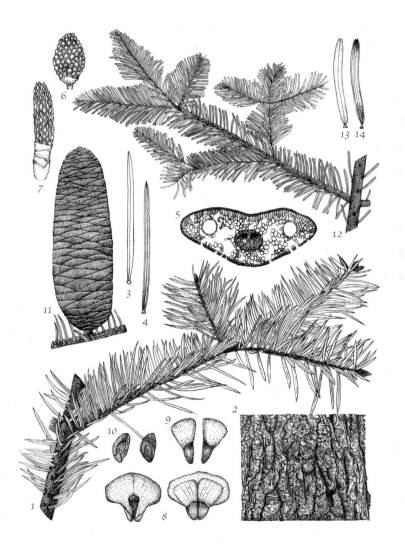

사무실로 돌아가는 시간. 기분으론 이미 뭔가 큰일을 해낸 것 같지만 이것은 시작에 불과하다. 나는 채집한 것을 사무실로 가져가 크기를 재고 현미경으로 관찰해 가며 스케치를 여러 번 거쳐 그림을 그려야 한다. 그것으로도 끝이 아니다. 시간이 지나 이 전나무에 암꽃과 수꽃 봉오리가 피고, 그것이 만개하고, 열매가 나고, 그 열매가 다 익어 가는 일련의 삶을 빼놓지 않고 모두 관찰해 스케치하기를 되풀이해야 한다. 그러려면 나는 앞으로 이 숲에 수십 번을 더 와야 한다.

식물의 삶은 매우 규칙적이고 질서정연하지만 그 안에서도 예측할 수 없는 변화가 있다. 진짜 중요한 것은 그 변화이고, 그것은 골몰해 식물을 들여다보지 않으면 알 수 없다. 그렇기에 식물을 그림으로 기록하는 일은 무척 고되고 지치지만 결국엔 식물이란 존재가, 또 식물을 좋아하는 나의 마음이 결국 나를 다시 이 숲으로 데려다 놓는다.

어떤
과도기

내게는 식물 책을 수집하는 취미가 있다. 지난달 책장을
정리하다 우리나라 1세대 식물학자인 장형두 선생의 책
《학생 조선 식물 도보》(1948년)를 발견했다. 장형두 선생은
해방 이후에 펴낸 이 책 속의 모든 글을 우리말로 썼다.
식물은 '묻사리', 학명을 '갈 이름'으로. 그렇게 일본말을
완전히 배제했음에도 책의 마지막에는 '우리나라 국명과
일본명 맞대보기' 장이 있다. 선생은 이 장의 꼭지에 이렇게
일러두었다. '일본명을 여기에 쓴 것은 아직까지 일본말
참고서가 많이 쓰이고 있는 데에 비추어 똑바른 우리말
이름을 찾는 데 도움이 되도록 하려는 과도기적 조치다.'

나는 '과도기적 조치'라는 말을 되뇌었다. 왜냐면 나 역시 내가 그리는 그림이 '식물 세밀화'라는 용어로 알맞지 않지만, 선생의 말씀처럼 과도기적 조치로 현재 '식물 세밀화'와 '식물학 일러스트'라는 명칭을 함께 쓰고 있기 때문이다. 어떠한 과도기를 살아가기에 해야 하는 일, 할 수밖에 없는 것들에 대해 생각하게 되었다.

내 명함에는 두 개의 직업명이 적혀 있다. 식물 세밀화가 그리고 식물학 일러스트레이터. 같은 의미인 두 용어를 굳이 나란히 써 놓은 데에는 이유가 있다.

내가 하는 일의 원어는 보태니컬 일러스트레이션botanical illustration, 해석하면 식물학 그림이며 우리나라에서는 이를 식물 세밀화라고 부른다. 그러나 전 세계에서 보태니컬 일러스트 용어에 '세밀'이라는 의미를 포함시킨 나라는 우리나라뿐이다. '세밀'이란 극사실 그림, 기술적인 재현의

식물종의 형태적 특성을 드러내는 내 그림에 세밀화라는 용어보다는 식물학 그림, 식물학 일러스트라는 용어를 사용하는 게 알맞다고 생각한다.

쪽 *Persicaria tinctoria* (Aiton) H.Gross

그림을 떠올리게 하기에 식물 해부도로서 식물종의 형태적
특성을 드러내는 내 그림에 식물 세밀화라는 용어는 알맞지
않다고 생각한다. 비슷한 영역의 과학 일러스트인 의학
일러스트처럼 식물학 그림, 식물학 일러스트라는 용어가
알맞을 것이다.

　이런 연유로 식물 세밀화라는 용어를 아예 쓰고
싶지 않지만 20여 년 전부터 우리나라에서 이미 쓰여 온
용어를 당장 쓰지 않는 것이 불가능하고, 또 이전의 역사를
존중하는 의미에서 나는 지금 식물 세밀화와 식물학
일러스트라는 두 가지 용어를 함께 쓰고 있다. 이것이 내가
할 수 있는 과도기적 조치이다. 언젠가는 사람들이 식물
세밀화 대신 식물학 일러스트 혹은 식물학 그림이라는
용어를 쓰기 바란다.

　머칠 전 동기의 결혼식에 참석하러 여수에 갔다가
식당 골목에서 한창 뾰족한 잎을 매단 호랑가시나무를
보았다. 그 옆에는 완도호랑가시나무로 보이는 개체도
있었다. 완도호랑가시나무는 천리포수목원의 설립자인

민병갈 원장이 1978년 완도에 식물 탐사를 갔다가
발견한, 호랑가시나무와 감탕나무의 자연 교잡종이다.
완도호랑가시나무는 호랑가시나무에 비해 잎이 둥글고 잎
가장자리 가시의 뾰족함도 완만하다.

민병갈 원장은 미국에서 태어나 한국으로 귀화했다.
그는 충남 천리포 바다 앞의 땅을 사서 정원을 꾸리고
아직 우리나라에 도입되지 않은 외국 식물들을 심어
소개했다. 그는 우리나라 자생식물에도 관심이 많았다.
1970~1980년대에 화훼식물을 연구했던 어르신
선생님들의 말로는, 지금이야 천리포수목원을 찾는
사람이 많지만 처음 그곳을 조성할 때만 해도 관상식물을
위한 정원을 꾸리는 것은 사치로 여겨졌다고 한다. 해방
이후 "먹고살기도 힘든데 꽃은 무슨 꽃이냐."는 소리를
매일같이 듣는 상황이었다며.

그런 시대를 지나 이제 천리포수목원은 전국에서
사람들이 찾는 명소가 되었고, 우리는 50여 년 전의
민병갈 원장처럼 곳곳에 크고 작은 정원을 만들고 있다.
민병갈 원장은 화훼식물에 대한 인식이 부족했던 우리나라
식물연구사에서 문화적 과도기를 몸소 지나온 분이다.

민병갈 원장이 특별히 좋아했던 호랑가시나무 가족은
흔히 홀리 Holly 라고 불리며 크리스마스의 상징으로
여겨진다. 그래서인지 우리에게도 늘 붉은 열매를 가지에
가득 매단 이미지로 익숙하다. 그러나 내가 여수에서
보았을 때 이 식물들은 노란 열매를 매달고 있었다. 노란
열매는 점차 검붉은 노란색, 붉은빛이 섞인 주황색, 그리고
어두운 붉은색처럼 말로 다 형용하기 어려운 빛깔들을 지나
비로소 우리가 아는 빨간색 열매가 될 것이다.

식물을 공부하기 전까지는 어느 순간 갑자기
식물에 꽃이 피고 열매가 맺힌다고 생각했다. 그러나
완도호랑가시나무의 붉은 열매나 벌개미취의 개화처럼
우리 앞에 펼쳐지는 찬란한 자연현상이란 식물들이
수없이 지나온 과도기의 한 결과일 뿐이라는 것을, 식물을
관찰하며 다시 깨닫는다.

완도호랑가시나무. 열매가 붉게 익어 가는 동안
형용하기 어려운 다양한 색깔의 변화를 볼 수 있다.

모험을
즐겨야 하는
직업

　식물 세밀화를 그릴 때 가장 중요한 부위는
생식기관이다. 꽃과 열매 그리고 씨앗…. 나는 식물에 꽃이
피고 열매 맺은 순간을 포착해야 한다.

　그림 그릴 식물이 정해지면 식물이 있는 자생지로 가
현장에서 스케치를 하고, 사진을 찍고, 미세구조 관찰을
위해 채집해 작업실로 가져와서는 현미경으로 관찰하고
그림을 그린다. 물론 이 과정 한 번에 기록이 끝나는 것은
아니다. 식물은 꽃, 열매 등을 한 번에 보여 주는 법이 없다.
꽃이 피기 전, 꽃이 만개했을 때, 꽃이 졌을 때, 그리고
열매가 맺기 시작할 때… 수시로 식물에게로 가 변화와

현상을 관찰하고 기록해야 한다. 그런 내게 요즘 한 가지 어려움이 있으니, 기후변화로 인해 식물의 개화와 결실 시기가 자꾸만 예상을 빗나간다는 사실이다.

애초부터 식물에 꽃이 피고 열매 맺는 시기가 날짜로 정해져 있는 것은 아니다. 다만 지난 통계를 보아 꽃이 피고 열매가 맺는 보편적인 계절 또는 시기라는 것이 있다. 나는 이 시기의 2주 정도 전부터 식물을 보러 간다. 그러나 언제부턴가 시기를 유추할 수 없는 지경에 이르렀다. 그 흔한 칡만 해도 예년 같으면 경기 북부 우리 동네에서 8월 말에 꽃이 만발하는 걸 볼 수 있었는데 올해는 9월이 다 지나도록 꽃이 드문드문 피어 있다. 꽃이 늦게 핀다는 것은 수분을 돕는 작은 동물의 계획에도 차질이 생긴다는 것이며, 결실에도 차질을 빚을 수밖에 없다. 개화와 결실 시기를 유추하기 어려우니 그 순간을 놓치는 일도 생긴다. 그럴 때면 나는 하는 수 없이 내년을 기약한다.

식물을 기록하는 일은 내가 원한다고 할 수 있는 게 아니다. 식물 세밀화가의 계획이란 건 부질없다. 그래서 나는 올해 무엇을 그릴지 계획하기보다, 내가 죽기 전까지 어떤 종들을 그리고 싶다고 희미하게 소망할 뿐이다. 물론 그 계획이 실현 가능할지조차 식물에게 달려 있다.

　추운 겨울에는 자연에서 볼 식물 풍경이 마땅치 않아
산책을 마다하는 사람이 많다. 내가 겨울에 식물을 보러
간다고 하면 주변 사람들은 노지에서 볼 식물이 있냐고
묻기도 한다. 그러나 겨울에도 식물은 생생히 살아 있고,
우리가 놓치고 있는 식물 풍경은 무척 많다. 까맣게 익어
가는 산수유와 오미자 열매, 그리고 가지에 하나 남은
노란 히어리 잎, 매끄러운 배롱나무 수피와 산부추 열매의
깍정이, 그리고 솔송나무의 건조한 구과. 모두 내가
지난겨울에 만난 식물들이다.

　나는 식물이 참 성실하다는 생각을 지울 수 없다.
비가 내리면 그 양만큼의 수분을 머금어 잎을 생장시키고,
기름진 토양만큼 뿌리는 단단해진다. 자신에게 주어진 빛과
수분과 영양분만큼 잎은 생장하고, 꽃은 개화하며, 열매를
맺는다. 가끔은 태풍이 불거나 인간에 의해 훼손되어

식물을 본 시간만큼, 식물과 나의 거리만큼
종이에 그려 낼 수 있으니 틈만 나면 식물을
찾으러 밖에 나설 수밖에 없다.

차나무 *Camellia sinensis* (L.) Kuntze

그간의 수고가 한 번에 꺾이는 경우도 있지만 그러한 재해
역시 그들에게 주어진 현상이기에 담담히 받아들인다. 당장
내일 사라질 위험에 처하더라도 오늘 내가 해야 할 일을
해내는 것, 이것이 식물이 내게 알려 준 삶의 태도다.

세밀화를 그리는 일도 비슷한 것 같다. 식물을 본
시간만큼, 식물과 나의 거리만큼 종이에 그려낼 수 있다.
자세히 보지 않으면 딱 그만큼 종이에 빈 공간이 생기고,
요령을 부리면 또 그만큼 틀린 결과로 도출된다. 식물에
다가간 횟수만큼 나의 그림은 정확해질 수 있고, 나는 식물
세밀화가로서의 역할을 다할 수 있게 된다. 그러니 나는
틈만 나면 식물을 찾으러 밖에 나설 수밖에 없다. 식물은
나를 자꾸만 움직이게 하고 더 멀리 탐험하도록 만든다.
같은 식물종일지라도 개체마다 살아가는 형태가
다르다. 집 앞의 조경수로 심어진 향나무는 전정이 되어
수형이 둥글게 자라지만, 앞산 중턱에만 올라도 그곳의
향나무는 옆에 있는 나무를 피해 휘어져 자란다. 언젠가
경상북도 봉화에서 본 향나무는 키가 무척 낮게 자라고
있었다. 추측건대 높은 지대에서 산바람에 쓰러지지 않도록
무게중심을 낮춰 작은 키로 자랐을 것이다. 내가 움직이는

만큼 더 다양한 향나무의 삶을 볼 수 있으며, 내 눈앞의
모습만이 전부가 아니라는 것을 알 수 있다.

＼

　수목원을 그만두고 혼자 일하기 시작했다. 더 넓은
세상을 모험하고 싶었다. 의도한 대로 이제 나는 식물원과
산뿐만 아니라 식물이 있는 더 많은 장소를 다니고 있다.
그중엔 해안사구와 갯벌, 섬도 있다. 바닷가에도 식물은
산다.
　국내 식물 연구기관으로부터 한국의 자생 약용식물을
그려 달라는 제안을 받았다. 나는 4년간 우리나라 자생
약용식물 80여 종을 직접 관찰해 그림으로 기록했다. 식물
중에는 갯기름나물, 갯방풍, 갯완두 등 '갯'이 들어가는
이름이 많았고, 이들을 관찰하기 위해 나는 산이 아닌
바닷가를 오갔다.
　바닷가라고 산보다 수월하지만은 않다. 바닷가로 향할
때마다 나는 만반의 준비를 한다. 모자와 여벌 옷도 챙기고
발등 높이 올라오는 신발도 신는다. 바닷가에는 바람이
많이 불고 햇빛도 강하며 모래 틈에 발이 쑥쑥 빠지기

때문이다.

이런 환경에서 사는 식물은 산에서 사는 식물과 형태도 다르다. 바다로부터 불어오는 강한 바람에 쓰러지지 않기 위해 작은 키로 누워 자라며, 염분이 스며들지 않고 뜨거운 태양에도 견딜 수 있는 매끈하고 두꺼운 잎을 갖고 있다. 입자가 큰 모래땅에서 수분과 양분을 흡수하기 위해 뿌리를 깊숙이 내리는 요령도 지녔다. 다시 말해 바닷가란 식물이 살기에 척박한 환경이며, 그런 땅에 적응해 사는 식물은 산과 화단에서 자라는 식물에게는 없는 비범함이 있다. 그 비범한 능력 중 하나가 염분에 대한 적응력이다.

토양의 염분, 다시 말해 소금기는 식물에게 스트레스를 주어 성장에 악영향을 끼친다. 그러나 일부 식물은 그것을 견디는 내염성이 있어 일반 식물은 결코 살 수 없는 염류 토양에서 살아 남는다. 이들을 '염생식물'이라 한다. 학자마다 의견이 다르긴 하지만 우리나라에는 60~100여 종의 염생식물이 있는 것으로 파악되며, 대부분 서남해안에 분포한다.

바닷가에 사는 약용식물을 관찰하기 위해 찾은 서해 암태도에서 보라색 꽃이 만개한 염생식물, 순비기나무 군락을 만난 적이 있다. 조금은 독특한 이 이름은 제주도 방언에서 유래했다고 알려진다. 숨을 비우고 물에 들어가는 해녀들이 자주 겪는 잠수병 치료에 효과적이라 '숨비기나무'로 부르다가 점차 '순비기나무'로 불리게 되었다고 추측한다.

이들은 자갈이 유난히 많은 모래땅에서도 내 키만큼 크게 자란 데다 꽤 두꺼운 가지를 키워 냈다. 순비기나무가 모래와 자갈, 심지어 바위가 있는 땅에서도 군락을 이루어 생장할 수 있는 것은 뿌리가 옆으로 깊고 넓게 뻗어서 입자가 큰 땅에 뿌리를 고정하는 능력이 있기 때문이다. 암태도 주민 분이 말씀하시길, 이들은 바닷물에 침수된 후에도 복원이 빠르다고 한다. 이토록 연한 보라색 꽃과 은색에 가까운 연녹색 잎의 소박한 나무가 바다와 땅의 공격에도 흔들림 없이 제 길을 지나왔음이 놀라웠다.

순비기나무 꽃을 보고 두어 달이 지나 암태도를 다시 찾았을 때는 잎이 연주황색과 연보라색으로 단풍이 들어 있었다. 낙엽이 아까울 만큼 아름다운 색상의 팔레트였다.

바닷가에 사는 약용식물 기록을 마치고 나는 더 이상 암태도에 가지 않게 되었지만 종종 순비기나무를 소재로

한 화장품이 나왔다거나 약용 효과가 연구되었다는 뉴스를
본다.

　과거의 나는 바다를 무서워했다. 내가 모르는 대상에
대한 공포였던 것 같다. 그러나 바닷가의 식물을 그리고
바다를 자주 마주하며 더는 바다가 무섭게 느껴지지
않았다. 식물은 내가 가진 공포를 지워 주기도 한다.

꽃이 핀 순비기나무. 바닷가 염분이 강한 모래땅에서도
군락을 이루어 자생하는 강인한 식물이다.

자연
기록으로
만나는
여성들

지난여름 런던으로 출장을 다녀왔다. 나는 주로
식물을 조사하는 차원의 출장이 많지만 이번 출장은 조금
달랐다. 우리나라에 있는 약용 식물원의 유산 식물을
기록하기 위해, 견학차 이 식물원의 선례와도 같은 영국의
첼시피직가든 Chelsea Physic Garden 을 방문한 것이다.

첼시피직가든은 1673년에 조성된 식물원으로, 설립
초기에는 식물원에서 연구한 약용식물을 지역 주민의 질병
치료에 사용하려는 목적이 있었다. 당시 약사들은 접근성이
좋은 템즈강 옆 부지를 선택했으나 17세기 말 도로 건설

때문에 매각되고, 18세기 초 의사이자 수집가인 한스
슬론이 원래 자리에서 가까운 땅을 매입해 현재의 식물원
형태로 꾸몄다. 1970년대까지는 학생들 약학 수업용으로
쓰다가 1987년에야 관람객들에게 공개했다.

이 식물원을 거쳐 간 과학자가 많다. 중국에 파견되어
차나무를 유럽에 소개했던 플랜트 헌터plant hunter 로버트
포춘은 1846년부터 1848년까지 이곳의 큐레이터였고,
한스 슬론은 첼시피직가든의 창립자이다. 마지막으로
중요한 인물은 영국 태생의 여성 식물 세밀화가인
엘리자베스 블랙웰Elizabeth blackwell이다.

첼시피직가든 직원 분께 보태니컬 일러스트를 그린다고
나를 소개했더니, 그는 제일 먼저 엘리자베스 블랙웰
이야기를 했다. 이 정원에 오래 머무르면서 그림을 그린
이라고.

엘리자베스 블랙웰은 1735년에 출간된 명저
≪A Curious Herbal(호기심을 자극하는 허브)≫을 쓰고 그렸다.
그는 당시 의사들이 약용식물을 식별하는 데 참고할
도감이 필요하다는 것을 깨닫고 약 6년간 첼시피직가든의
식물을 직접 관찰하고 표본을 참고하면서 책을 지었다.

그런데 이 작업을 시작하게 된 이유가 좀 독특하다.

엘리자베스 블랙웰에게는 아이 둘과 남편이 있었다. 어느 날 남편이 사기를 치고 빚을 져 감옥에 들어가게 되자 엘리자베스 블랙웰은 남편 빚을 대신 갚기 위해 돈을 벌기로 한다. 그가 할 수 있는 일이란 식물 그림을 그려 책을 만들어서 파는 일이었다. 다시 말해 그에게 첼시피직가든에서의 그림은 완전한 생계형 작업이었던 것이다.

그렇게 꼬박 6년 동안 작업해 책이 출간되었지만 그 사이에 아이 둘은 사망했다. 그나마 책이 잘 팔려 남편은 감옥에서 풀려났지만 얼마 안 되어 남편은 가족을 버리고 스웨덴으로 떠났다. 그리고 스웨덴에서 왕을 음해하는 음모에 가담한 죄로 사형을 당했다. 남편이 죽은 후로 엘리자베스 블랙웰은 남의 눈에 띄지 않게 조용히 살았다고 한다. 그의 말년에 관한 정보도 거의 없다.

식물을 기록하며 과거의 기록을 찾다 보면 역사 속 여성들을 자주 만난다. 물론 과거 여성들은 남성에 비해 교육을 받거나 사회 활동을 할 기회가 거의 없었다. 따라서 내가 식물원, 박물관, 표본관 등의 기록을 통해 만나는 여성은 시대를 아주 비범하게 난 경우가 많다.

　마리안 노스 Marianne North (1830~1890년, 영국)는 19세기에
활동한 식물 세밀화가이며 작가이고 식물 연구가다. 그리고
동시에 탐험가이기도 하다. 내가 그의 작품을 처음 본
것은 영국 큐가든 Kew Gardens, 그의 이름을 딴 '마리안 노스
갤러리'에서였다. 사방을 가득 채운 수백 장의 종이에는
그가 평생 세계를 탐험하며 두 눈으로 본 식물이 기록되어
있었다. 유화로 그린 식물 그림들은 생생히 살아 있는
듯했고, 전 세계의 식물상 전반을 상상할 수 있을 만큼
식물의 형태도 다양했다. 이 전시에서 특히 감동했던 것은
그가 그림을 그리게 된 배경이다.
　마리안 노스가 살았던 빅토리아 시대에 여성은 결혼을
하고 아이를 낳아야만 했다. 여성이 혼자서 여행하거나
직업을 갖는 것이 쉽지 않은 시대였지만 그는 그 모든 것에
반해 자신이 옳다고 생각하는 길을 걸어 나갔다. 미국,
브라질, 칠레, 호주, 뉴질랜드, 일본, 남아프리카공화국…
그는 동반자도 없이 당시 유럽인들에게 잘 알려지지 않은
나라 위주로 17개국을 탐험했으며, 긴 드레스를 입고 산에
올랐다. 탐험지에서 본 식물을 그림으로 기록해 결혼할

새도 없이 800여 점의 작품을 완성했고, 자신의 기록이
마무리될 즈음에는 직접 신문에 작품을 소장, 전시할
기관을 찾는 공고를 냈다.

그는 내가 아는 그 누구보다 자주적이며 용기 있는
사람이었다.

`

자연사 일러스트 상당수는 여성에 의해 기록되었다.
세계의 오래된 식물 연구기관들은 과거 자연사 일러스트를
그렸던 여성 기록자들의 정보와 역사를 캐는 작업을 꾸준히
하고 있다. 그런데 이에 많은 어려움이 있다고 한다. 여성의
사회 활동이 금기시된 시대, 여성들은 그림을 다 그리고도
서명을 남기지 않거나 남자 가족의 이름을 쓰거나 가명을
만들어 넣기도 했다. 추적할 정보가 거짓이니 어려움이 있을
수밖에 없는 것이다.

첼시피직가든 가장자리에는 석류나무가 있다.
여름에 주황색 꽃이 많이 매달리는 나무다. 엘리자베스
블랙웰은 이 석류나무를 보고 그린 그림을 저서에 실었다.
첼시피직가든의 직원은 내게 말했다. 이 석류나무에 열매가

열려도 따지 않고 그대로 둔다고. 열매가 자연스레 익고, 썩고, 떨어지고, 번식하거나 퇴화하는 과정을 엘리자베스 블랙웰도 매번 지켜보았을 것이라고 했다.

자연사 일러스트에는 자연물에 대한 정보와 더불어 지난한 여성의 삶이 깃들어 있다. 나는 과거 기록들을 통해, 기록자들의 삶을 통해, 지금 나의 작업을 계속할 영감과 용기를 얻는다.

싱가포르 식물원에서 본
마리안 노스의 작품들.

아름다움에
가려지는
것

식물 세밀화를 그리다 보면 자연스레 해당 식물에
관한 나만의 사유와 관찰 결과 같은 것이 생긴다. 나는
지난 8년간 신문 칼럼과 오디오 프로그램, 단행본 등을
통해 식물에 관한 사유를 이야기해 왔다. 꽤 오랜 시간
칼럼 연재와 오디오 진행을 하며 사람들이 식물로부터
기대하는 이미지가 있다는 것을 알게 되었다. 아름다움,
우아함… 같은 것들. 그것은 사람들이 식물에 기대하는
'식물다움'이기도 하다. 그래서 식물 일을 하다 보면
아름다움을 궁극적인 목적으로 삼기 쉽고, 아름다움에
취하고 또 아름다움에 현혹되기 쉽다.

　　나는 아름다움을 목적으로 그림을 그리거나 글을 쓰지
않으려고 한다. 오히려 아름다움은 경계해야 할 요소라고
생각한다. 애초에 식물이 가진 본연의 아름다움을 그대로
전달하기만 해도 충분하다. 아름다움에 대한 집착은
식물이 가진 강인함, 생존력 그리고 식물 세밀화가 지닌
학술적 가치 같은 것들을 가린다.

　　아름다운 장미꽃은 가지의 가시에 가닿을 시선을
빼앗고, 파리지옥이 벌레를 먹는 강인함은 우아함과
거리가 멀다는 이유로 선호되지 않는다. 현실에서도 많은
아름다움은 추악하고 지저분하고 슬픈 현실을 지우는
무기로 작용한다.

　　<존 오브 인터레스트>란 영화를 본 적이 있다. 이
영화 포스터에는 아름다운 정원에서 사람들이 즐거운
일상을 보내는 모습이 담겨 있다. 실상 영화의 배경은
독일 나치 정권 시대로, 내가 포스터에서 본 정원 담장 벽
너머에는 매일 사람들이 죽어 나가는 아우슈비츠 수용소가
있다. 정원에서 식물을 가꾸며 일상을 즐기는 사람들은
수용소에서 수감자들을 관리하고 죽이는 장교와 그의
가족이고, 정원의 덩굴장미와 화사한 꽃나무는 수용소에서

벌어지는 추악하고 슬픈 현실을 물리적으로 가리는 용도로
쓰인다. 이 상황을 알지 못하면 정원은 그저 아름다운
공간이지만, 시선을 넓히면 정원이 아름다울수록 더
괴상하다 느껴질 뿐이다.

　내가 본 숲의 식물들은 아름다움만이 우리가 추구해야
할 궁극의 가치가 아니라는 것을 알려 준다. 그들은 땅에
고정된 상태로 매일 움직이는 동물과, 언제든 자연을
훼손할 준비가 되어 있는 인간종을 상대하며 치열하게 삶을
쟁취한다. 그러니 인간이 식물을 아름답다고만 표현하는
건 매우 시혜적이고 관조적인 태도다. 야생의 험난한 숲은
문명, 도시, 내 눈에 보이는 풍경이 전부가 아님을 알려
준다. 식물은 내게 문명 밖 더 넓은 세상을 보라고 말한다.

　'문명 안'에만 있다 보면 마치 지구의 탄생 이전에
인간이 있었고 인간에게 좋은 것이 지구에게도 좋을 거란
착각에 빠지기 쉽다. 동물원에서 탈출한 기린이 도심
주택가에 멀뚱히 서 있는 모습에서 이상한 존재는 기린이
아니라 원래 기린의 터전이었던 야생의 땅에 콘크리트와
시멘트를 부어 만든 도시라는 풍경이다.

식물 세밀화가와 식물을 연구하는 모든 연구자는
식물의 존재 기록인 표본을 만들기 위해 생체를 채집한다.
표본은 식물 생체를 오래 보존할 수 있는 유일한 방법이자
식물 세밀화와는 별개의 기록물이다.

표본관에는 연구자들이 기록한 건조표본과 액침표본,
식물 세밀화, 사진 그리고 그것들이 삽입된 도서, 잡지,
신문 등이 소장되어 있다. 내가 일한 국립수목원의
표본관에도 식물뿐만 아니라 버섯, 새, 곤충 등의 생물
표본과 식물 세밀화를 포함한 자연사 일러스트, 생물 관련
문헌 등 숲에 관한 모든 데이터가 소장되어 있는데 그중
가장 많은 양을 차지하는 기록물은 표본이다.

얼마나 많은 표본을 소장하고 있는가는 세계 모든
표본관의 평가 및 홍보 요소다. 다른 표본관보다 많은
표본을 갖고 있으면 '최대' 표본관으로 이름이 나기도
한다. 그것은 마치 대단한 성과처럼 여겨진다.

그러나 생각해 보자. 표본이 많다는 건 그곳에 연구
대상인 재료가 많다는 이야기인 동시에 그만큼 훼손한
식물이 많다는 이야기이다. 많은 표본을 보유하고 있다는
건 자랑하고 뿌듯해할 일이 아니라 그만한 양질의 연구를
해야 한다는 책무로, 그만큼 자연을 훼손한 죄책감으로

이어져야 한다.

　생체와 표본 재료가 많을수록 식물 세밀화도 더
정확하게 그릴 확률이 높아진다. 그리고 이 논리대로라면
좋은 기록을 만들기 위해서는 식물을 더 많이 채집해야
한다. 하지만 내가 식물을 기록하는 것은 눈앞의 식물, 더
나아가 이 숲의 모든 생물이 오랫동안 행복하기를 바라기
때문이므로, 나는 기록에 대한 욕망을 버리고 식물을
채집하는 일을 최소화하려 한다. 그렇게 나는 눈앞에 꽃 핀
제주상사화를 지나친다.

　얼마 전 동료 식물학자가 본인은 신종을 그다지
발견하고 싶지 않다고 말했다. 새로운 종을 발견해 학명에
자기 이름을 넣는 것이 식물학자들의 기쁨이라고 생각해
왔는데….

　그는 이어 말했다.

　"그냥 존재하는 그대로 두고 싶어요. 지나칠 거예요.
이름이 없다고 존재하지 않는 건 아니잖아요. 그곳에서
신종이 발견됐다고 하면 모두가 그곳에 찾아갈 거고,
채집해 갈 거고. 누가 논문을 발표할 건지 서로 눈치 보는
것도 보고 싶지 않고. 그냥 그런 식으로 식물을 희생시키고

싶지 않아요."

오늘도 생각한다. 내가 하는 이 기록이 절대적이고 대단한 일이 아니라는 것, 나는 완벽히 식물의 편이 될 수 없는 인간일 뿐이라는 것. 그렇게 내 한계를 인정하고 겸손해지는 것만이 이 일의 전부인 것 같기도 하다.

나의 작업실 풍경. 완벽히 식물의 편이 될 수 없는
인간인 내가 어떤 태도로 식물을 기록해야 하는가를
일하는 공간에서 자주 생각하게 된다.

What's in my bag

식물 관찰을 하러 나설 때 가방 속에 넣고 다니는 물건들을 소개한
다. 나는 학계에서 오래 활용된 재료를 고집한다거나 고급 브랜드
제품을 쓰기보다는, 운반이 쉽고 본연의 역할에 충실하며 내 몸이
다루기 쉬운 도구를 찾아 사용하는 편이다.

야외에서 식물을 관찰할 때 지니는 물건들

수첩 : 식물의 종명, 특성, GPS 위치 정보 등을 간단히 적는다.

지우개 : 현장에서 스케치하다 틀린 부분을 지울 때 사용하는데 사
실 현장에서 지우개까지 쓸 일은 많지 않다.

루페 : 가지와 잎의 털, 가시가 난 방향 등 현장에서 눈으로 확인하
기 어려운 세세한 부분을 관찰하기 위한 용도. 실물의 30배까지 확
대해 보이므로 현미경보다는 못하지만 현장에서 유용하다.

렌즈 확대경 : 핸드폰 렌즈에 끼워 사진을 찍으면 확대한 모습으로
찍힌다.

채집 봉투 : 채집한 식물을 보관하는 용도. 씻어서 여러 번 사용한다.

가위 : 15년 정도 쓴 전지가위. 당시 철물점에서 2000원에 샀다.

로트링펜 : 채집 봉투에 식물명과 채집 날짜 등의 정보를 적는 용도로 쓴다.

샤프 : 10년 정도 사용한 제품. 내 그림의 스케치는 모두 이 샤프로한다. 원래 연필로 스케치했으나 심을 깎는 데 품이 많이 들고, 샤프는 일정한 두께로 얇게 나와 이것으로 정착했다.

줄자 : 식물의 길이, 크기 등을 잰다.

종이와 받침 : 현장에서 식물을 보며 스케치할 때 쓴다.

식물을 좋아한다는 것

　　수목원에서 일하던 시절, 전시원을 다닐 때마다 늘 해야 했던 말이 있습니다. "들어가지 마세요." 전시원 펜스 안에 들어가 식물을 짓밟는 관람객들에게 하는 말이었습니다. 펜스 안에 들어가는 이유는 주로 원하는 식물 사진을 찍기 위해서이죠.

　　제가 다니던 수목원은 교외에 있어 교통도 불편하고 미리 예약도 해야 해서 관람하려면 품이 이만저만 드는 게 아닙니다. 다시 말해 수목원에 오는 사람들은 식물을 그만큼 좋아하는 이들입니다. 그런데 그 사람들이 되려 식물을 해치고 있다는 것을, 정말로 식물을 훼손하는 사람들은 식물에 관심 없는 사람이 아니라 식물을 좋아한다고 말하는 사람들이란 것을 식물 곁에서 일하며 매일 실감했습니다.

산에서도 마찬가지입니다. 자기가 원하는 식물
사진을 찍기 위해 다른 식물을 짓밟고, 좋은 구도의
사진을 연출하기 위해 식물을 뿌리째 뽑고, 자기 기록을
더 귀하게 만들기 위해 다른 사람들이 사진을 못 찍도록
식물을 뽑아서 가져가는… 그런 경우를 저는 수없이
목격했습니다.

그분들은 말씀하십니다.

"내가 식물을 얼마나 좋아하는데."

"내가 집에 가져가서 잘 키울 거예요."

이러한 경험을 하며 저에게는 한 가지 버릇이
생겼습니다. 숲에서 발걸음을 옮길 때마다 스스로
질문합니다. '내 기록이 눈앞의 생물을 짓밟을 만큼 가치가
있는가?'

이 책을 읽는 여러분은 아마도 자연과 식물을 좋아하는
분들일 거라 생각합니다. 그래서 이 글을 씁니다.

우리가 자연을 좋아한다는 이유로 하는 행동들이 모두
옳을까요? 자연을 좋아한다는 이유로, 자연을 연구한다는
이유로, 그리고 선의라는 이유로 우리 행동을 정당화하고
있지는 않은지요. 정말 우리에게 자연을 훼손해 기록하고

연구할 권리가 있나요?

　요즘 동물 애호가들의 문화에서는 유기동물 증가와 안락사 문제가 자주 대두됩니다. 사실상 동물을 버리는 사람은 동물을 좋아해서 입양, 분양한 사람들이죠. 동물을 좋아하지 않으면 애초에 키울 일도, 버릴 일도 없으니까요.

　살아 있는 생물을 좋아한다는 것은, 내가 상대를 좋아하는 마음에서 비롯되는 욕망보다 상대의 안위를 우선시하는 도덕적 책무가 먼저 필요한 일입니다. 생물을 좋아한다는 것은… 그래서 매우 신중해야 하는 일이고 또 매우 어려운 일이라는 것을, 이 기회를 빌어 말하고 싶습니다.

자연으로   01
향하는   식물을
삶   연구하는
              태도

초판 1쇄 발행 2025년 03월 01일

지은이   이소영
펴낸이   박희선

발행처   도서출판 가지
등록번호 제25100-2013-000094호
주소   서울 서대문구 거북골로 154, 103-1001
전화   070-8959-1513
팩스   070-4332-1513
전자우편 kindsbook@naver.com
블로그   www.kindsbook.blog.me
페이스북 www.facebook.com/kindsbook
인스타그램 www.instagram.com/kindsbook

ISBN   979-11-93810-06-4 (03400)